Sitzungsberichte
der Akademie der Wissenschaften
der DDR
Mathematik – Naturwissenschaften – Technik

6 N

1983

Heinz Kautzleben

Probleme der geologischen Erforschung des Territoriums der DDR

AKADEMIE-VERLAG · BERLIN

Sitzungsberichte
der Akademie der Wissenschaften
der DDR
Mathematik — Naturwissenschaften — Technik

Jahrgang 1983 · Nr. 6/N

Heinz Kautzleben

Probleme der geologischen Erforschung des Territoriums der DDR

AKADEMIE-VERLAG · BERLIN
1983

Vortrag von Heinz Kautzleben,
Korrespondierendes Mitglied der
Akademie der Wissenschaften der DDR,
gehalten anläßlich des Leibniz-Tages
der Akademie der Wissenschaften der DDR
am 2. Juli 1982

Herausgegeben im Auftrage
des Präsidenten der Akademie
der Wissenschaften der DDR
von Vizepräsident Prof. Dr. Heinrich Scheel

ISSN 0138—3956
Erschienen im Akademie-Verlag, DDR-1086 Berlin, Leipziger Str. 3—4

Lizenznummer: 202 · 100/68/83
Printed in the German Democratic Republic
Gesamtherstellung: VEB Druckhaus Köthen
Bestellnummer: 763 274 2 (2010/83/6/N)
LSV 1415
DDR 3,— M

1. Mit dem Beschluß über die Konzeption zur langfristigen Entwicklung der naturwissenschaftlichen und mathematischen Grundlagenforschung sowie der Grundlagenforschung in ausgewählten technischen Richtungen wurde 1974 die strategische Orientierung auch auf dem Gebiet der Geowissenschaften festgelegt.

In der Direktive des X. Parteitages der SED zum Fünfjahrplan 1981–1985 wurde der Auftrag dahingehend präzisiert, den für die volkswirtschaftliche Entwicklung notwendigen Erkenntnisvorlauf für eine bessere Nutzung der natürlichen Ressourcen weiter auszubauen. Diese Aufgabenstellung wird vor allem durch die Arbeiten zur komplexen Forschungsaufgabe „Geowissenschaftliche Grundlagen zur Nutzung der obersten Schichten der Erdkruste als Träger von mineralischen Rohstoffen und energetischen Eigenschaften und als Bau- und Speicherraum" umgesetzt. An den Arbeiten, die von dem von mir geleiteten Zentralinstitut für Physik der Erde der Akademie koordiniert werden, beteiligen sich weiterhin Forschungsgruppen aus den Bereichen der Physik, Chemie und Technologie.

Die weitere Stärkung der Energie- und Rohstoffbasis für die Volkswirtschaft der DDR als eine entscheidende Bedingung für die stabile ökonomische Entwicklung erfordert von der geologischen Forschung und Erkundung:

a) die Weiterführung der komplexen Forschungsarbeiten zur Einschätzung des Ressourcenpotentials, um verstärkt einheimische mineralische Rohstoffe verfügbar zu machen bzw. Beiträge zur höheren Veredelung der mineralischen Rohstoffe zu leisten,

b) die Durchführung von Such- und Erkundungsarbeiten in neuen Gebieten, ein-

Bei der Vorbereitung des Vortrages wurden mir freundlicherweise Forschungsergebnisse von mehreren Mitarbeitern des Zentralinstituts für Physik der Erde sowie aus dem Forschungsinstitut für Aufbereitung (Direktor: Akademiemitglied E. Töpfer) und aus dem Zentralinstitut für Isotopen- und Strahlenforschung (Direktor: Prof. Dr. K. Wetzel) zur Verfügung gestellt. Dafür möchte ich mich auch an dieser Stelle sehr herzlich bedanken. Darüber hinaus sind zahlreiche Veröffentlichungen, die im einzelnen hier nicht genannt werden können, ausgewertet worden. Für die wertvollen Hinweise zum Manuskript danke ich besonders den Akademiemitgliedern Wolfgang Böhme, Karl Schmidt und Heinz Stiller.

schließlich des Schelfgebietes, zur Erweiterung der Produktion oder als Ersatz für erschöpfte Lagerstätten und

c) die Durchführung geologischer Arbeiten zum Ausbau der Vorratsbasis vorrangig in den Gebieten der produzierenden Bergbaukombinate.

Dazu muß die geologische Erforschung des Staatsgebietes der DDR systematisch und zielstrebig fortgeführt werden. Diese Aufgabe kann nur gemeinsam von den

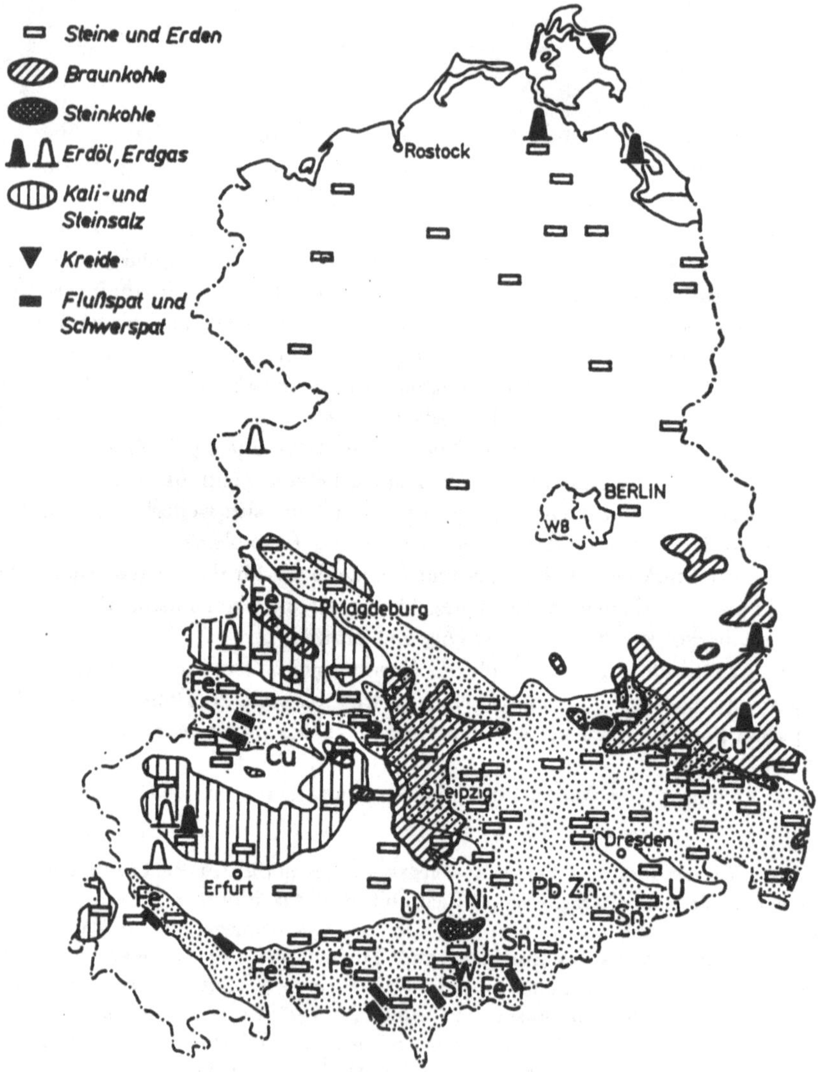

Abb. 1 Verteilung der Bodenschätze auf dem Territorium der DDR

Einrichtungen der Akademie, der Hochschulen und der Industrie gelöst werden. Ich möchte insbesondere die dabei anstehenden Probleme der Grundlagenforschung ansprechen.

2. Die genannten Anforderungen an die geologische Forschung und Erkundung werden deutlicher, wenn man die heutigen Kenntnisse über die Bodenschätze der DDR und ihre Verteilung über das Staatsgebiet betrachtet. Die Abb. 1 zeigt eine Übersicht, die vom VEB Geologische Forschung und Erkundung (GFE) zusammengestellt wurde. Man kann die in der Abbildung aufgeführten Rohstoffe in zwei Gruppen einteilen: Eine Gruppe bilden die Rohstoffe, bei denen die Lagerstättenvorräte langfristig den Inlandsbedarf decken und z. T. auch einen Export ermöglichen. Dazu gehören die Braunkohle, Kali- und Steinsalze, Flußspat, Baurohstoffe, Kaolin, Tone und einige mehr. Bei dieser Gruppe kommt es vor allem darauf an, durch die geologischen Arbeiten dazu beizutragen, daß die Abbauverluste verringert werden und eine höhere Verwertung der Rohstoffe selbst erreicht wird.

Zur anderen Gruppe gehören die Rohstoffe, bei denen in der DDR zwar einige Lagerstättenvorräte vorhanden sind, der volkswirtschaftliche Bedarf jedoch aus eigenem Aufkommen gegenwärtig nicht gedeckt werden kann. Zu nennen sind hier u. a. Erdgas, Kupfer, Feldspat, Spezialtone und andere hochwertige Rohstoffarten für die Glas- und Keramikindustrie. Im Rahmen geologischer Such- und Erkundungsarbeiten ist die Lagerstättenbasis an solchen knappen Rohstoffen zu erweitern. Durch weiterentwickelte und neue Verfahren zur Gewinnung, Aufbereitung und Verarbeitung muß erreicht werden, die Lagerstätten weitaus besser zu nutzen und darüber hinaus bisher noch nicht verwertbare Vorkommen in die Nutzung einzubeziehen. Vorbildlich sind in dieser Hinsicht die Untersuchungen des Forschungsinstituts für Aufbereitung, die innerhalb von 10 Jahren zur Steigerung des Ausbringens von Zinn in der Anlage des VEB Zinnerze Altenberg von rund 40% auf nahezu 70% führten.

Im Territorium der DDR sind nur für einen Teil der rund 200 heute industriell genutzten mineralischen Rohstoffe Lagerstätten verfügbar. Bei Steinkohle und Zink z. B. sind die früher genutzten Lagerstätten erschöpft. Lagerstätten fehlen für Rohstoffe wie die Bauxite, für deren Bildung in den obersten Schichten der Erdkruste der DDR nach den bisherigen Kenntnissen die geologischen Bedingungen nicht günstig waren.

3. Die Abb. 1 zeigt nur Rohstoffvorkommen in den obersten Schichten der Erdkruste. Das ist leicht verständlich:

Die geologische Suche und Erkundung von Lagerstätten erfordert beträchtliche materielle und finanzielle Mittel sowie einen bedeutenden Aufwand an Zeit. Aus ökonomischen Gründen ist es deshalb zweckmäßig, nur solche Vorkommen zu erkunden, die in absehbarer Zeit industriell gewonnen und verarbeitet werden können. Als Hauptkriterien dafür gelten der ausreichende Gehalt an Nutzkomponenten und die Größe des Vorkommens sowie die Abbaumöglichkeit für die moderne Bergbautechnik. Von Lagerstätten metallischer Rohstoffe muß man z. B. heute noch verlangen, daß der Metallgehalt der Erze, je nach Metallart verschieden, 100 bis

1000mal größer als der durchschnittliche Gehalt in der Erdkruste ist. Der Abbau ist heute international gesehen bei günstigsten Bedingungen im Tiefbau bis zu 4 km möglich. Durch Bohrungen können maximal 10 km erreicht werden.

4. Bei der Betrachtung einer jeden Karte über die Bodenschätze eines Landes muß man beachten, daß in einem gegebenen Zeitpunkt auch die wissenschaftlich-technischen Möglichkeiten für die Suche und Erkundung nicht unbegrenzt sind. Die Abb. 2 enthält eine Übersicht der heute hierfür verfügbaren Arbeitsmethoden. Diese Methoden werden in ähnlicher Weise auch für die geologische Forschung eingesetzt. Allen geologischen, geochemischen und geophysikalischen Methoden ist gemeinsam, daß der exakte unmittelbare Nachweis des gesuchten Rohstoffs selbst entsprechend dem Stand der Tiefbohrtechnik bisher nur bis zu einer Tiefe von maximal 11 km möglich ist. Diese wurde erstmals in der UdSSR erreicht. Die tiefste Forschungsbohrung in der DDR wurde bis zu einer Tiefe von rund 8 km vorgetrieben. Normalerweise muß man sich mit wesentlich geringeren Tiefen begnügen.

In den weitaus meisten Fällen werden alle Arbeitsmethoden zur indirekten Suche und Erkundung verwendet. Typisch für den indirekten Nachweis einer Lagerstätte ist die Beobachtung oder Messung von sog. Indikatoren, die in einem mehr oder weniger eindeutigen Zusammenhang mit dem gesuchten mineralischen Rohstoff stehen. Heute steht auf der Tagesordnung die Suche nach sog. verdeckten

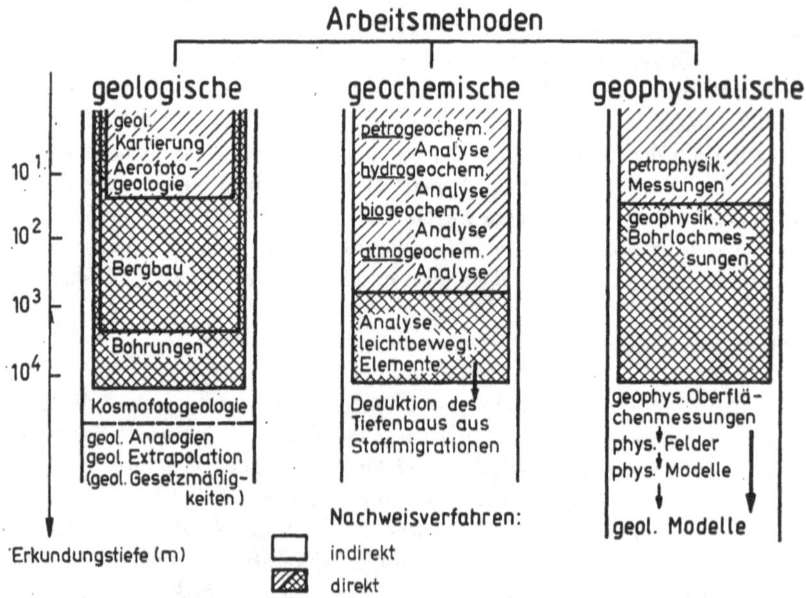

Abb. 2 Arbeitsmethoden der geologischen Forschung

Lagerstätten, für die es an der Erdoberfläche, abgesehen von Bohrungen, keinerlei Möglichkeiten für einen direkten Nachweis gibt.

Die geologischen Arbeitsmethoden gehen davon aus, daß jede Lagerstätte als Anhäufung nutzbarer Minerale in der Erdkruste ein geologischer Körper ist, dessen Bildung mit dem geologischen Zustand und Werdegang seiner näheren und weiteren Umgebung eng verbunden ist. Die geochemischen und die geophysikalischen Arbeitsmethoden ergänzen und präzisieren die Ergebnisse der geologischen Methoden.

Die breite Einführung der geophysikalischen und geochemischen Methoden ist eine bedeutende Aufgabe zur Rationalisierung der Suche und Erkundung. Forschungsarbeiten zur Neu- und Weiterentwicklung solcher Arbeitsmethoden werden deshalb auch in unserem Zentralinstitut und weiteren Einrichtungen der Akademie und des Hochschulwesens in wachsendem Maße betrieben. Hier sollen lediglich die Arbeiten zur geophysikalischen Tiefensondierung und zur Fernerkundung mit aerokosmischen Mitteln erwähnt werden. Als wissenschaftlich anspruchsvolle Aufgabe erweist sich bei diesen und allen weiteren methodischen Untersuchungen die geologische Deutung der jeweiligen Beobachtungs- und Meßergebnisse. Diese sind zumeist völlig neue Indikationen, deren Platz im Begriffssystem der Geologie erst bestimmt werden muß. Neue Ansatzpunkte und notwendige Zusatzinformationen für die Lösung dieser Aufgabe werden in unserem Zentralinstitut durch Untersuchungen im Labor zum Verhalten von Gesteinen und Mineralen unter Druck- und Temperaturbedingungen analog denen im tieferen Erdinnern gesucht.

5. Die Kenntnisse über die Bodenschätze sind als Ergebnis der zielstrebigen, wissenschaftlich begründeten Suche und Erkundung von Lagerstätten in dialektischer Weise mit dem Stand der geologischen Erforschung des Staatsgebietes verbunden. Die Ausarbeitung der gegenwärtig vorliegenden Kenntnisse über die Geologie des Territoriums der DDR wurde durch die Anforderungen und die Ergebnisse der Suche und Erkundung entscheidend gefördert; zugleich sind diese Kenntnisse Voraussetzung und Ausgangspunkt für die weiteren Analysen zur Lagerstättenhöffigkeit ausgewählter Gebiete und die darauf aufbauenden Arbeiten zur Suche der vermuteten Lagerstätten.

Die Abb. 3 zeigt die an der Erdoberfläche im Gebiet der DDR anstehenden geologischen Bildungen. Nördlich der Linie Magdeburg—Görlitz etwa sind das sämtlich geologische Bildungen aus der jüngsten Periode der Erdgeschichte, die jünger als 1,5 Millionen Jahre sind. Die Bildungen an der Erdoberfläche wurden entscheidend von den Eiszeiten geprägt. Darunter befinden sich mächtige Schichten von Ablagerungsgesteinen — Sedimenten.

Südlich dieser Linie dominieren an der Erdoberfläche Gesteine, die vor rund 50 bis 400 Millionen Jahren gebildet worden sind. Im Erzgebirge, im Thüringer Wald und an einigen weiteren Stellen sind an der Oberfläche noch ältere Gesteine zugänglich. Das älteste im Territorium der DDR, bei Waldheim in Mittelsachsen, bekannte Gestein besitzt ein Alter von 1,2 Milliarden Jahren. Es wurde also zu

Beginn des letzten Viertels der Erdgeschichte gebildet, die bekanntlich vor rund 4,8 Milliarden Jahren mit der Entstehung der Erde begann.

Der Vergleich der beiden Abb. 1 und 3 zeigt, daß in den Gebieten mit den älteren Gesteinsbildungen hauptsächlich metallische Rohstoffe vorkommen. Hierbei handelt es sich um sog. endogene Lagerstätten, deren Bildung ursächlich mit dem Aufdringen von Magma aus dem tiefen Erdinnern verknüpft ist. Im gesamten

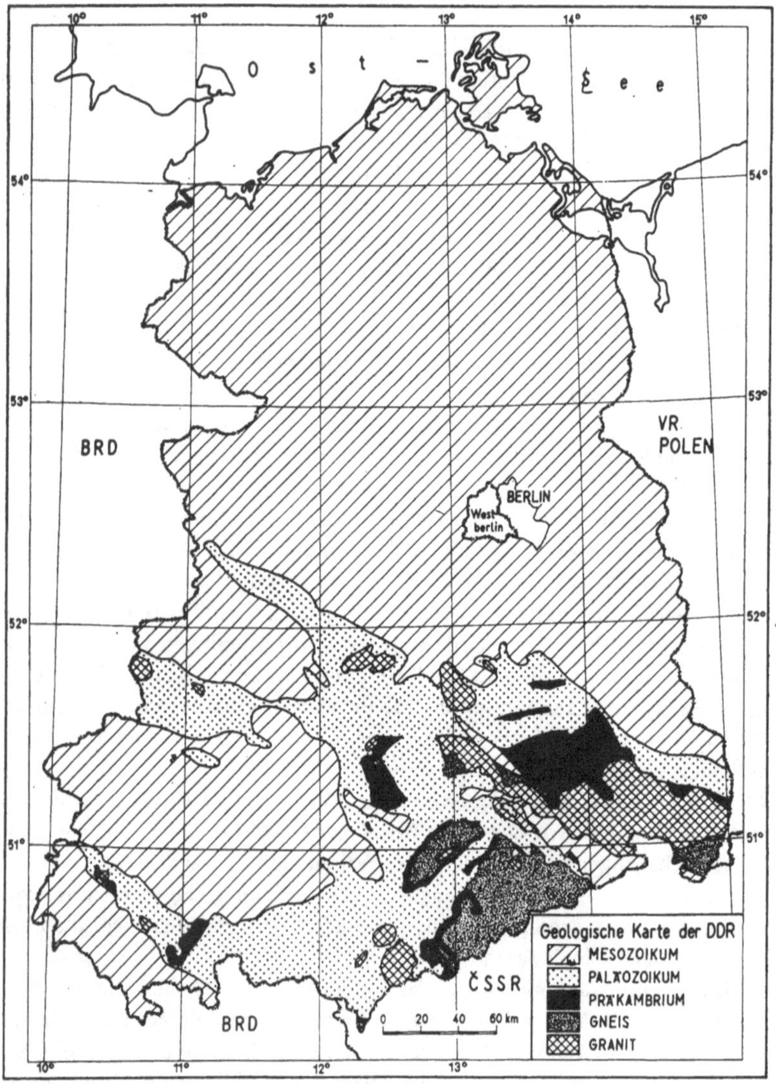

Abb. 3 Geologische Karte der DDR (vereinfacht)

Nordteil und in einigen Teilgebieten im Süden der DDR gibt es nur sog. exogene Lagerstätten, deren Entstehung ursächlich mit der Bildung der Sedimentschichten verknüpft ist. Dazu gehören die Lagerstätten von Braunkohle, Kali, Kupfer; weiterhin von Kaolin, Tonen, Sanden, Kiesen und anderen Baumaterialien; auch von Erdgas und Erdöl.

Schon dieser einfache Vergleich läßt wesentliche Richtungen erkennen, die bei der weiteren geologischen Erforschung des Territoriums der DDR im Hinblick auf den Ausbau der Vorratsbasis an einheimischen Rohstoffen und Energieträgern zu verfolgen sind: In bezug auf die Braunkohle sind die primären Bildungsbedingungen und die nachfolgenden Beeinflussungen der Braunkohlenflöze mit Folgerungen für deren Verbreitung, Lagerungsverhältnisse und Qualität, z. B. für die Problematik Salzkohle, weiter zu untersuchen. Es gilt, die Beziehungen zwischen der Erdgas-/Erdölführung und der geologischen Entwicklung des großen Sedimentbeckens im Nordteil der DDR noch tiefgründiger aufzudecken. Im Hinblick auf die metallischen Rohstoffe müssen die Ereignisse in der Erdgeschichte, die den Südteil der DDR geprägt haben, noch besser erkannt und auch die ältesten Entwicklungsstadien eingehend untersucht werden.

Die Probleme der geologischen Erforschung des Territoriums der DDR können nur gelöst werden, wenn die geologische Entwicklung des Staatsgebietes im Zusammenhang mit der Entwicklung Mitteleuropas untersucht wird. Die Schwierigkeit besteht darin, aus einer Vielzahl von Daten, die in mehrerer Hinsicht bruchstückhaft sind, die generellen Zusammenhänge zu erkennen. Aus dem heute vorhandenen Bild ist die Entwicklung von den Anfängen bis zur Gegenwart zu rekonstruieren. Dabei spielen theoretische Konzeptionen die entscheidende Rolle.

6. Das Territorium der DDR gehört in geologischer Hinsicht zur jungen Westeuropäischen Tafel, in der das gesamte außeralpine Mittel- und Westeuropa südwestlich der alten Osteuropäischen Tafel zusammengefaßt wird. Abb. 4 zeigt die Verteilung der Gebirgsbildungen in Europa. Die Erdkruste im Bereich der Westeuropäischen Tafel ist zuletzt vor rund 320 Millionen Jahren von einer Gebirgsbildung intensiv erfaßt worden. Es handelte sich dabei um die sog. varistische Gebirgsbildung, die sich in West- und Mitteleuropa voll ausgewirkt und die dort vorliegenden Gesteinsbildungen verfestigt hat. Die unmittelbar vorhergehende sog. kaledonische Gebirgsbildung vor rund 450 Millionen Jahren hat in ähnlicher Weise den Nordwestteil Europas, vermutlich auch einen Ausläufer im nördlichen Teil Mitteleuropas, geprägt. In allen Bereichen der Tafel gab es in noch früheren Zeiten weitere Gebirgsbildungen, von denen heute nur noch Spuren vorhanden sind. Die durch die Gebirgsbildungen verfestigten Teile der Erdkruste bilden das sog. Grundgebirge oder Fundament der Tafel, das sich nur noch in vertikaler Richtung bewegen kann. Über dem Grundgebirge wurden in der Folgezeit als sog. Deckgebirge Sedimente in weitgehend horizontaler Schichtung abgelagert. In einigen Teilgebieten Mitteleuropas ist das Grundgebirge an der Erdoberfläche direkt zugänglich.

Die Osteuropäische Tafel existiert seit mindestens 1,5 Milliarden Jahren als starrer, weitgehend unbeweglicher Krustenblock. Sie muß die gesamte geologisch-tektonische Entwicklung der übrigen Teile Europas entscheidend bestimmt haben. Diese Problematik wird seit 1975 von Wissenschaftler-Gruppen aus 10 Ländern Europas,

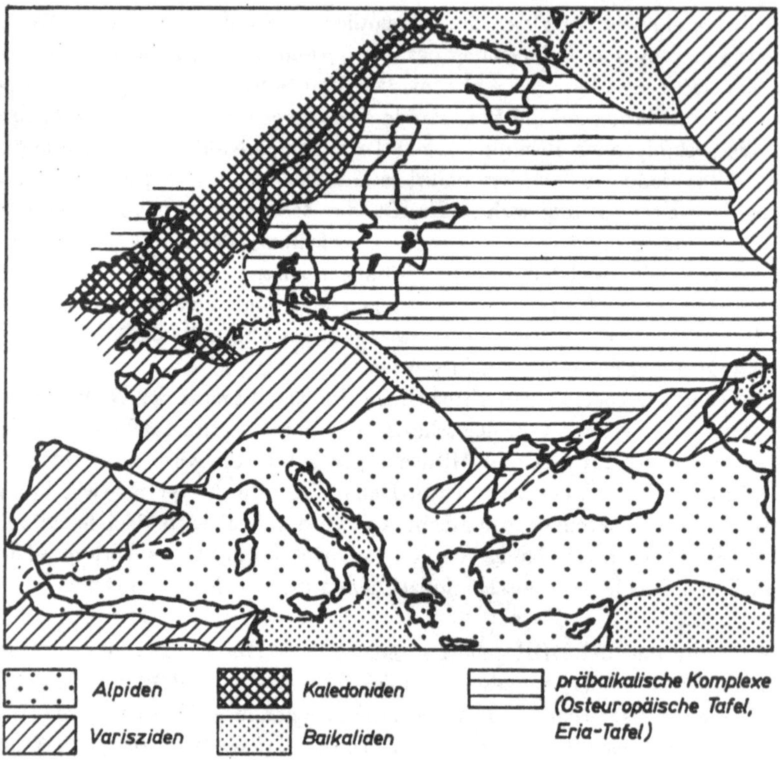

Abb. 4 Tektonische Großgliederung Europas

einschließlich der DDR, im Rahmen des Internationalen Geologischen Korrelationsprogramms der UNESCO bearbeitet. Von den bisher erreichten Erkenntnissen ist die Aussage hervorzuheben, daß südwestlich des Tafelrandes einzelne sehr alte Krustenteile im Untergrund vorhanden sind, die im Verlaufe der tektonischen Entwicklung nacheinander in die Gebirgsbildungen am Rande der Tafel einbezogen wurden, bis sich schließlich vor 220 Millionen Jahren die heutige Tafelbegrenzung herausbildete.

Die im Süden Europas vor rund 40 Millionen Jahren erfolgte sog. alpidische Gebirgsbildung hat den mitteleuropäischen Raum nur telekinetisch beeinflußt. Sie verursachte eine Reihe von Brüchen im Grundgebirge der Tafel, die sich auch durch das mächtige Deckgebirge hindurch bis in die jüngste Zeit bemerkbar machen.

7. Schon vor der Beeinflussung durch die alpidische Gebirgsbildung war die Erdkruste in Mitteleuropa durch tiefreichende Brüche in ein Mosaik von Schollen unterteilt, die sich in unterschiedlicher Weise relativ zueinander bewegt haben

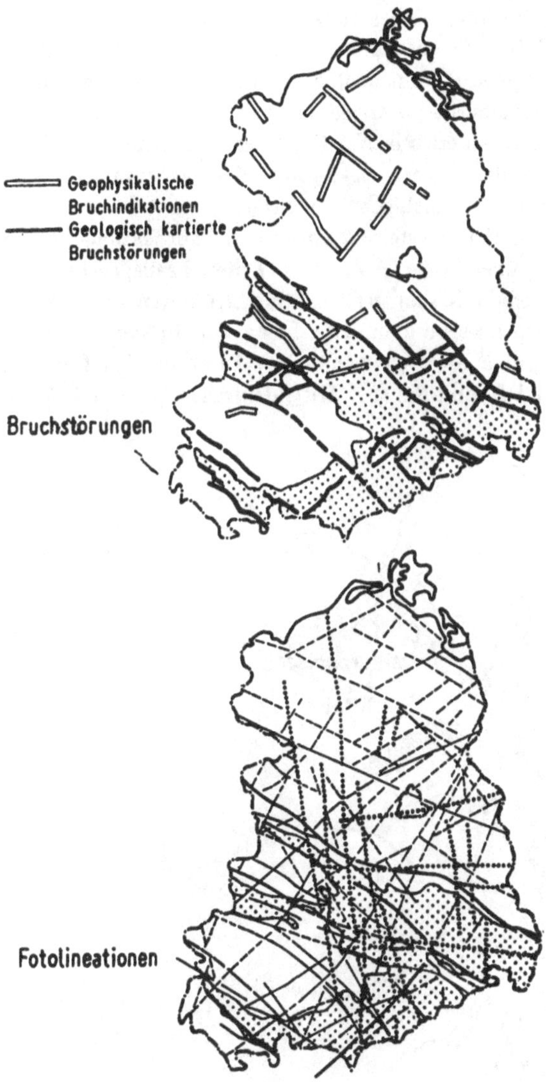

Abb. 5 a) Bruchstörungen auf dem Territorium der DDR (vereinfachte Darstellung) b) Fotolineationen im Gebiet der DDR nach Aufnahmen des Wettersatelliten Meteor 25 (Höhe ca. 650 km), verzerrt

müssen. Die regionalen Unterschiede in der Abtragung der Gebirge und der Sedimentation sind hierfür ein beredtes Zeugnis.

Die Brüche sind für die gesamte geologische Entwicklung Mitteleuropas außerordentlich bedeutsam und müssen deshalb eingehend untersucht werden. Die Abb. 5 unten zeigt die Auswertung einer Aufnahme zur Fernerkundung der Erde aus dem Kosmos von Bord des sowjetischen Satelliten „Meteor" aus rund 700 km Höhe für das Gebiet der DDR. Sie enthält weit mehr Informationen über die Bruchsysteme als die Abb. 5 oben, die aus geologischen und geophysikalischen Beobachtungen direkt an der Erdoberfläche abgeleitet worden ist. Neu ist der Nachweis von linienförmigen Strukturen etwa in N-S-Richtung im Territorium der DDR. Die Zahl der Störungen mit den beiden bekannten Vorzugsrichtungen NW-SO und SW-NO ist wesentlich größer als bisher bekannt war.

Offensichtlich sind alle diese Bruchsysteme Hinweise auf ein tektonisches Spannungsfeld, das ganz Europa über lange geologische Zeiten beansprucht hat und noch beansprucht. Sie sind eng mit den großen Bruchstrukturen in Mittel- und Westeuropa (die Abb. 6 zeigt) verbunden. Die Folge der Brüche in Richtung NW-SO beginnt am Südwestrand der Osteuropäischen Tafel mit den Randtrögen dieser Tafel. In Gebiet der DDR sind die sog. Mitteldeutschen Hauptabbrüche die

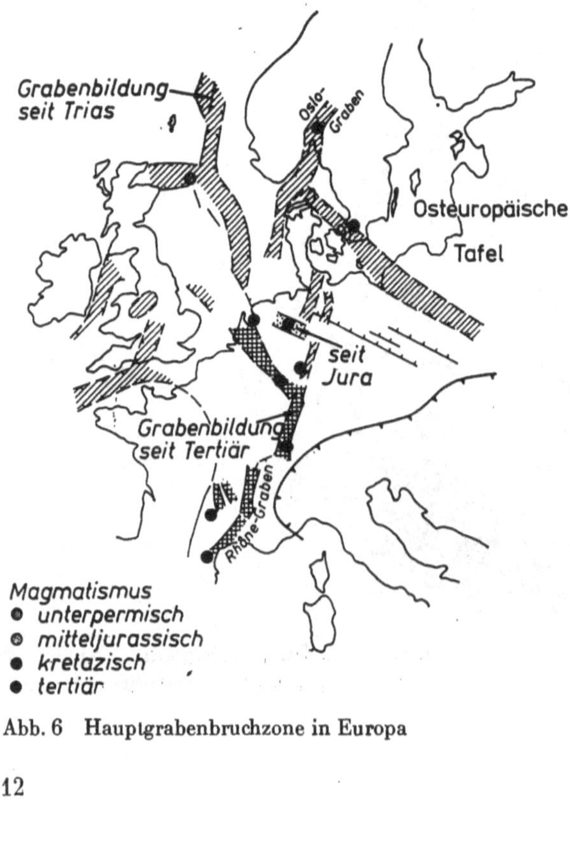

Abb. 6 Hauptgrabenbruchzone in Europa

wichtigsten Störungen mit dieser Richtung. Die Folge der Brüche etwa in N-S-Richtung gehört anscheinend zu der großen Zone von Grabenbrüchen, die am Mittelmeer mit dem Rhone-Graben beginnt und in nördlicher Richtung bis zum Oslo-Graben in Südnorwegen bzw. zu den Gräben in der Mitte der Nordsee reicht. Vieles spricht dafür, daß die Bildung dieser Grabenzone eng mit der Entwicklung des Nordatlantik verbunden ist.

Die dritte Richtung, SW-NO, folgt im Gebiet der DDR den Hauptlinien des bereits erwähnten varistischen Gebirges. In der Abb. 7 wird die Zonengliederung dieses Gebirges gezeigt, wie sie von Franz Kossmat, Mitglied unserer Akademie von 1937 bis 1938, eingeführt worden ist. Abweichend von Kossmat fassen wir heute im Gebiet der DDR die Rhenoherzynische Zone und die Subvariszische Zone zu einer Einheit zusammen.

8. Bei den weiteren Forschungsarbeiten zur Bildung und Entwicklung des varistischen Gebirges können sich die Geologen und Geophysiker der DDR auf eine

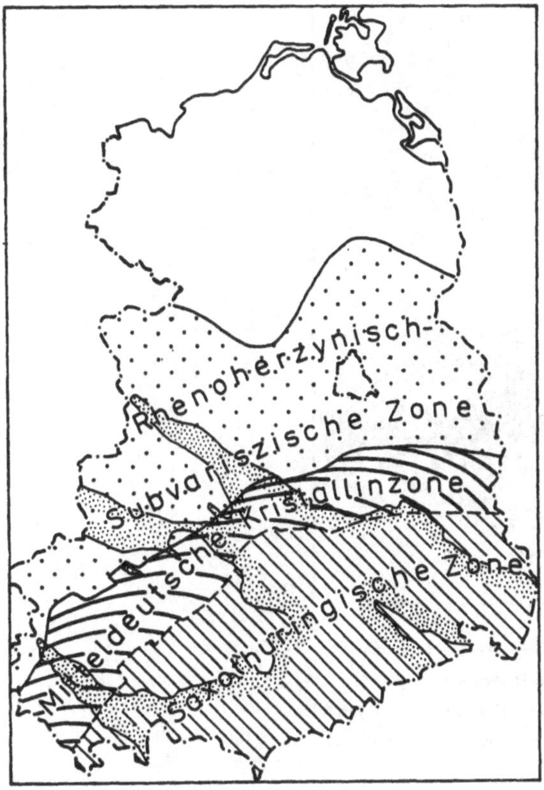

Abb. 7 Zonengliederung des variszischen Orogens in Mitteleuropa

seit Jahren bewährte Kooperation mit den Geowissenschaftlern der sozialistischen Länder, speziell im Rahmen der Kommission der Akademien zur Zusammenarbeit auf dem Gebiet der Geologie, stützen. Die in dieser Kommission entwickelte Methodik der vergleichenden Untersuchungen in gleichaltrigen geologischen Einheiten hat zu international beachteten Fortschritten bei der Lösung der anstehenden Fragen geführt. Im Territorium der DDR wird die Bearbeitung der Probleme des varistischen Gebirges u. a. dadurch erschwert, daß es an der Erdoberfläche nur noch bruchstückweise in den Mittelgebirgen untersucht werden kann. In der Abb. 7 werden die Gebiete gezeigt, wo das Grundgebirge an der Oberfläche zugänglich ist.

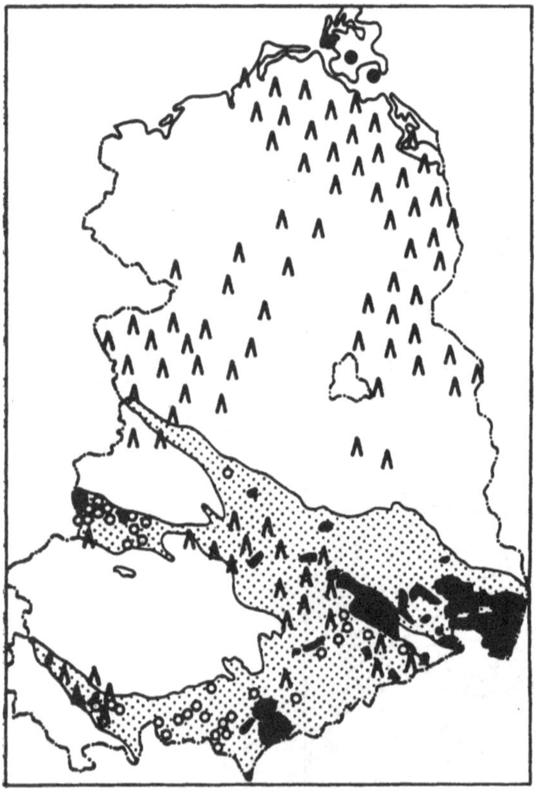

Granitoid-Plutone [darunter z.T. auch vorvariszische Anteile]

o Paläozoische Geosynklinalmagmatite (basische Initialite)

Λ Permosilesische Vulkanite (saure bis intermediäre, untergeordnet auch basische Subsequentite)

● Basische Tafelmagmatite

Abb. 8 Verteilung des variszischen Vulkanismus im Gebiet der DDR

Die Mitteldeutsche Kristallinzone ist z. B. bei Bad Liebenstein im Thüringer Wald und im Kyffhäuser aufgeschlossen. Im Nordteil der DDR wird das Grundgebirge von mehrere Kilometer mächtigen Sedimenten überlagert und kann nur durch tiefe Bohrungen direkt erschlossen werden. Die Lage des Nordrandes der varistischen Gebirgsbildung ist deshalb z. B. bis heute nur unzureichend geklärt.

Als Problem mit prinzipieller Bedeutung hat sich die Verteilung der magmatischen Erscheinungen herausgestellt. Der Magmatismus ist stets in gesetzmäßiger Weise mit der Gebirgsbildung verknüpft. Die Abb. 8 zeigt die Verteilung des Magmatismus, der mit der varistischen Gebirgsbildung verbunden ist. Große Bedeutung kommt im Hinblick auf die Lagerstättenbildung dem Magmatismus in der Spätphase der Gebirgsbildung zu. In der Abb. 8 sind das die permosilesischen Vulkanite. Dieser Magmatismus durchflutete im Südteil der DDR weite Bereiche. Bohrungen im Nordteil der DDR im letzten Jahrzehnt haben nun ergeben, daß das Grundgebirge nicht direkt von den Sedimenten des Deckgebirges, sondern von bis 2 km mächtigen Decken vulkanischer Gesteine aus der Spätphase der varistischen Gebirgsbildung überlagert wird. Das widerspricht den früheren theoretischen Erwartungen, die sehr wesentlich von Hans Stille, Mitglied unserer Akademie von 1933 bis 1966, geprägt wurden. Einen Ansatzpunkt für die Deutung dieses Phänomens könnte man darin finden, daß die vulkanischen Gesteine und der gesamte Magmatismus im Deckgebirge vorwiegend im Kreuzungsbereich der Tiefenbrüche mit den Vorzugsrichtungen N-S und NW-SO zu finden sind.

9. Es ist noch weitgehend offen, wie die Probleme des varistischen Magmatismus und der Gebirgsbildung insgesamt zu sehen sind, wenn man die varistische Gebirgsbildung mit Hilfe der Plattentektonik, d. h. von einer prinzipiell neuen theoretischen Warte aus, zu erklären versucht. Nach dieser Hypothese wird die feste Gesteinsrinde der Erde, die im Durchschnitt etwa 100 km mächtig ist, — die sog. Lithosphäre — in Anlehnung an die Verteilung der Erdbeben stark schematisiert in 8 bis 10 große Platten eingeteilt. Die Platten sollen sich entlang der Erdoberfläche relativ zueinander verschieben können; dabei schwimmen sie auf ihrer Unterlage, der sog. Asthenosphäre, die teilweise aufgeschmolzen ist. In der Zone der mittelozeanischen Rücken entfernen die Platten sich voneinander. In den anderen Zonen stoßen die benachbarten Platten z. T. frontal aufeinander, wobei neue Gebirge entstehen. Am interessantesten ist der Fall, der in Abb. 9 gezeigt wird. Dabei schiebt sich die ozeanische Platte unter die kontinentale Platte. Bei der Unterschiebung, die Geologen sagen Subduktion, entstehen Tiefseegräben, Gebirgszüge, Vulkanketten; Teile der ozeanischen Platte werden an die kontinentale angelagert. Aus der Asthenosphäre steigen in die Erdkruste Magmen auf und bilden in gesetzmäßiger Weise Zonen mit erhöhtem Metallgehalt. Dieses Modell bietet neue Ansatzpunkte für die Lagerstättensuche, die über die klassischen Vorstellungen hinausgehen. Es konnte durch zahlreiche Beobachtungen an Gebirgen, die in den letzten 200 Millionen Jahren der Erdgeschichte gebildet worden sind, bestätigt werden. Im Internationalen Forschungsprogramm „Lithosphäre“ in den achtziger

Jahren soll untersucht werden, wieweit die Plattentektonik auch für frühere Zeiten in der Erdgeschichte angewendet werden kann. Wesentliche Beiträge zur Lösung dieser Frage können von der Isotopengeochemie erbracht werden. So wurde im

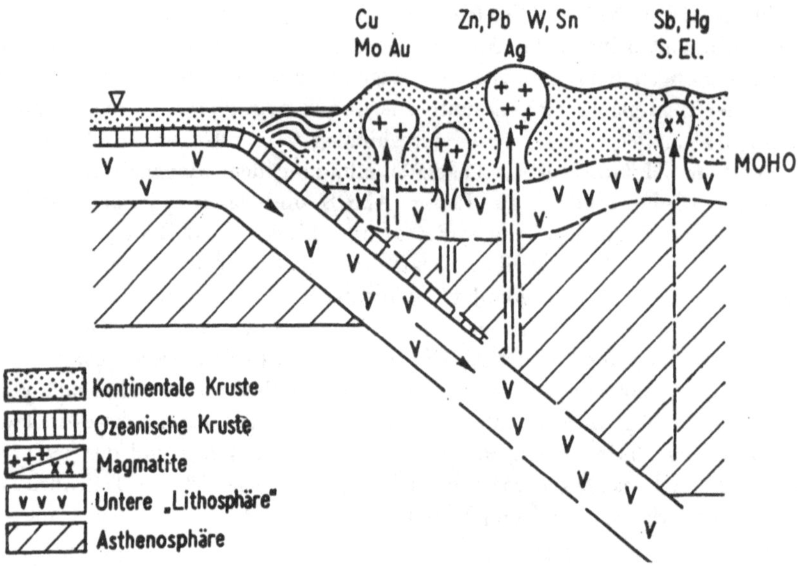

Abb. 9 Subduktionszonen und ihre minerogenetischen Zonalität

Zentralinstitut für Isotopen- und Strahlenforschung ein Modell ausgearbeitet, wonach im Laufe der Erdgeschichte die ozeanische Erdkruste etwa 20mal erneuert wurde, während die kontinentale Kruste durch Aufnahme von jeweils etwa 20% der in den Subduktionszonen abtauchenden ozeanischen Kruste beständig gewachsen ist.

Wenn man die Entwicklung des varistischen Gebirges mit dem Modell der Unterschiebung erfassen will, müssen die Wechselwirkungen zwischen Nordamerika, der Osteuropäischen Tafel und Afrika analysiert werden. Als Ausgangspunkt kann man folgende Vorstellung verwenden, die vor allem durch paläomagnetische Beobachtungen begründet wird. Abb. 10 zeigt diese Vorstellung. Vor 500 Millionen Jahren haben sich die bis dahin weit voneinander entfernten Urkontinente Laurentia—Nordamerika und Fennosarmatia—Osteuropäische Tafel einander genähert. Dadurch wurde das kaledonische Gebirge im Norden und Westen Europas gebildet, und es entstand ein einheitlicher Nordkontinent. Südlich davon, in Mitteleuropa, entstand ein Ozean, dessen Südrand mehr oder weniger direkt mit dem afrikanischen Teil des Urkontinentes Gondwana verbunden war. In der Zeit der varistischen Gebirgsbildung näherten sich der Nordkontinent und Afrika einander; dabei entstanden Zonen mit Unterschiebungen der ozeanischen Lithosphäre unter die kontinentalen Platten. Es sind mehrere Varianten zur Anwendung des Modells der Subduktion aus Abb. 9 möglich, die auch zu verschiedenen Aussagen über die Verteilung endogener Lagerstätten führen. Wir bevorzugen eine Variante, bei der die Mitteldeutsche Kristallinzone als Gebirgszug über der Subduktionszone gemäß dem Modell von Abb. 9 gedeutet wird. Es wird gegenwärtig auch mit ersten Erfolgen daran gearbeitet, die bekannte Verteilung der Erzlagerstätten im Süden der DDR in das Schema der Abb. 9 einzupassen und die Folgerungen aus diesem Schema hinsichtlich der Suche nach weiteren Rohstoffvorkommen zu prüfen.

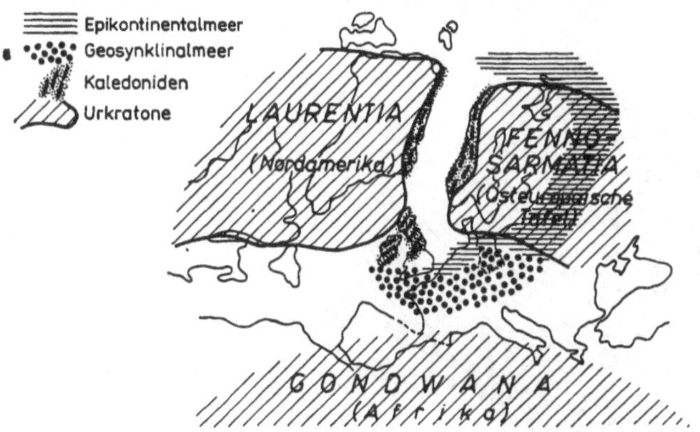

Abb. 10 Globaltektonisches Modell zur Entstehung des kaledonischen Gebirges

10. Bei den Untersuchungen zu Grundfragen des Deckgebirges der Westeuropäischen Tafel steht der Ausbau eines Modells für die strukturelle und stoffliche Entwicklung des Norddeutsch-Polnischen Sedimentbeckens als Teil der großen Mitteleuropäischen Senke (Abb. 11) im Vordergrund. In dieser Senke, die von England bis nach Südostpolen reicht, befinden sich die großen Erdöl- und Erdgaslagerstätten West- und Mitteleuropas. Auch das Gebiet der Altmark, in der die Erdgaslagerstätte der DDR liegt, gehört zu dieser Senke. Durch Analyse von zahlreichen Beobachtungen konnte in letzter Zeit ein Modell abgeleitet werden, das über die konkrete Anwendung hinaus grundsätzliche Bedeutung für die Entwicklung von Sedimentbecken im Innern der großen Lithosphärenplatten besitzt.

Die Bildung und Entwicklung der gesamten Mitteleuropäischen Senke muß als ein einheitlicher, jedoch zeitlich und räumlich gegliederter Prozeß verstanden werden, der durch die Vorgänge in den tektonisch mobilen Zonen in der Umgebung der Senke, d. h. im Atlantik und im Gebiet der Alpen und Karpaten, verursacht, im einzelnen aber durch die Störungen des Grundgebirges der Tafel in der Senke selbst kontrolliert wird. Einen breiten Raum nimmt in der Diskussion der Senkungsvorgänge die Frage ein, wieweit es sich dabei lediglich um Gräben innerhalb der Kruste handelt und welche Rolle Bruchstrukturen bilden, in denen die gesamte Lithosphäre zerbrochen ist und die Asthenosphäre sich aufgewölbt hat.

Die räumliche und zeitliche Verteilung der Sedimentmächtigkeiten bildet eine ausgezeichnete Aufzeichnung der Hebungs- und Senkungsvorgänge. Die Entwicklung der Senke begann vor rund 280 Millionen Jahren mit mehreren 100 Metern Absenkung pro Jahrmillion. Mit zunehmendem Alter verringerte sich die Absenkung auf einige Dutzend Meter pro Jahrmillion, und es entstanden Teilbecken mit Sonderentwicklungen. Der Westteil der Senke, die Nördliche Nordsee-Senke, entwickelte sich im gleichen Maße, wie das Verbindungsstück zwischen den kaledonischen Gebirgen in Schottland und Norwegen absank. Die Mittelpolnische und die

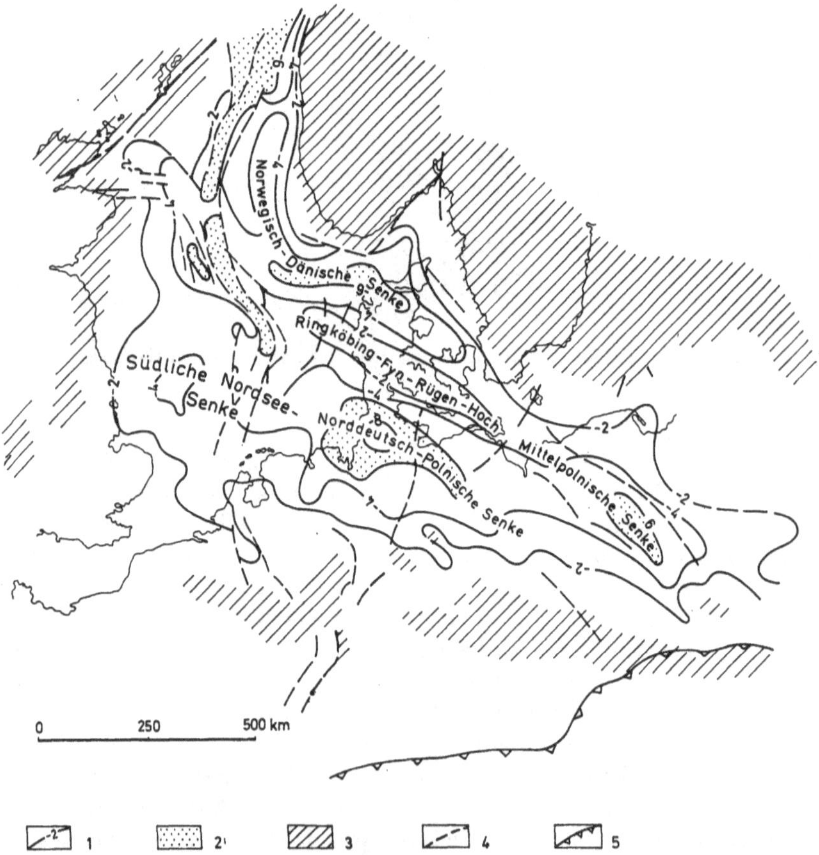

Abb. 11 Strukturschema der Mitteleuropäischen Senke
Legende: 1 — Tiefenlinien der Unterfläche Perm (Rotliegendes) in km; 2 — Teufenbereiche tiefer als 6 km; 3 — Ausstrichgebiete des Fundamentes, ungegliedert; 4 — Störungszonen (Auswahl); 5 — Nordrand des Alpen-Karpaten-Faltenbogens

Norwegisch-Dänische Senke bildeten sich aus der Folge der Randtröge heraus, die bereits seit der Bildung der kaledonischen Gebirge unmittelbar am Südwestrand der Osteuropäischen Tafel existierten. Der Hauptteil der Mitteleuropäischen Senke, der aus der Norddeutsch-Polnischen Senke und der Südlichen Nordsee-Senke besteht, entwickelte sich über einem Krustenstück, das im Norden durch die kaledonische und im Süden durch die varistische Gebirgsbildung verfestigt worden ist und in das noch ältere Gebirgsmassive eingebaut worden sind.

Die Analyse der Beckenentwicklung führte zur Aussage, daß an ihre einzelnen Etappen gesetzmäßig bestimmte Typen von Lagerstätten gebunden sind: Während der ersten Etappe, der Beckenbildung, entstehen großräumig verteilte Vorkommen von Stein- und Kalisalzen, Kupferschiefer und Kalkgesteinen; in der mittleren bilden sich mittel- und kleinräumig verteilte Lagerstätten (u. a. Kaolin und Sedimentäreisenerz); und in der jüngsten entstehen flächig verteilte Rohstoffe (u. a. Braunkohlen und Massenrohstoffe). In bezug auf Erdöl und Erdgas ist für die erste Etappe die Bildung von Speichergesteinen kennzeichnend, während im mittleren und jüngeren Abschnitt infolge tektonischer Bewegungen die Lagerstätten umverteilt bzw. zerstört werden können. Der an sich schon komplizierte Gesamtprozeß wird durch zahlreiche Teilprozesse überlagert, die im einzelnen noch eingehend untersucht werden müssen.

Von besonderem Interesse sind die Vorgänge im Bereich der ehemaligen Beckenränder, an Hochlagen innerhalb der Becken sowie im Grenzbereich der Bruchschollen des Fundamentes. Im Gebiet der DDR betrifft das vor allem das Gebiet der Mitteldeutschen Hauptabbrüche, die südliche Begrenzung der Norddeutsch-Polnischen Senke. Gesucht werden Aussagen über die sog. „kontrollierenden Faktoren" für die Akkumulation mineralischer Rohstoffe im Bereich dieser geologischen Strukturen.

11. Die ausgedehnten Bewegungsvorgänge im Schollenmosaik Mitteleuropas können in der Gegenwart direkt mit geodätischen Methoden gemessen werden. Die Hebungen und Senkungen sind im Territorium der DDR mit maximal 5 mm/Jahr nur gering. Bei den tektonisch aktiven Brüchen können die Bewegungen im Detail bestimmt werden. Sie sind gesetzmäßig mit den dort wirkenden tektonischen Spannungen verknüpft.

Ursächlich mit diesen Spannungen sind auch seismische Erscheinungen, Erdbeben, verbunden. Solche Erscheinungen sind im Territorium der DDR zwar nur schwach, jedoch nicht zu vernachlässigen. Sie liegen sämtlich im Süden der Republik, insbesondere im Vogtland werden regelmäßig sog. Schwarmbeben beobachtet. Die Führung des Bergbaus erfordert heute ebenso wie die Errichtung von Talsperren und Kernkraftwerken, die gegenüber seismischen Erschütterungen sehr sensibel sind, gründliche Voruntersuchungen und Überwachungsmaßnahmen seitens der Seismologen, Geologen und Geodäten, um das seismische Risiko so gering wie möglich halten zu können.

12. Im Vortrag standen bisher die Aussagen über die flächenhafte Verteilung der geologischen Bildungen in den oberflächennahen Schichten der Erdkruste im Vordergrund. Im letzten Abschnitt sollen als Ergänzung dazu noch einige Hinweise zum tieferen Untergrund gegeben werden.

In der Abb. 12 wird ein geologisches Profil durch die DDR in N-S-Richtung von Rügen bis zum Erzgebirge gezeigt, das im Zentralinstitut für Physik der Erde auf Grund von vielfältigen geologischen und geophysikalischen Daten als Schema zusammengestellt wurde. Die Aussagen über die tieferen Schichten beruhen in großem Maße auf verschiedenartigen geophysikalischen Messungen. Sie reichen bis in 5 km, an wenigen Stellen bis in 10 km Tiefe.

Das Profil läßt sofort wieder die grobe Gliederung des Territoriums der DDR erkennen: in den Nordteil, wo die jungen Sedimente an der Oberfläche anstehen, und den Südteil, wo die alten Gesteine des verfestigten Grundgebirges an der Oberfläche zugänglich sind.

Nördlich der Mitteldeutschen Hauptabbrüche wird das Grundgebirge auf mehrere Kilometer Tiefe abgesenkt; es erreicht die Oberfläche erst wieder auf Rügen. Die überschaubare Entwicklung des Deckgebirges beginnt in der Nordostdeutschen Senke, dem DDR-Anteil am Norddeutsch-Polnischen Becken, vor 285 Millionen Jahren: im Norden mit den Vulkaniten des Autun. Aufgelagert sind die Gesteinsbildungen des Saxon (Alter: ca. 250 Millionen Jahre), die im Hinblick auf eine Erdgasführung besonders interessant sind. Mit Beginn des Zechstein vor 240 Millionen Jahren wurden weite Teile von Mitteleuropa durch ein aus der Arktis über das Gebiet der Nordsee vordringendes Meer überflutet. Aus diesem Meer stammen die über 1000 m mächtigen Ablagerungen von Stein- und Kalisalzen. Auch in der Folgezeit lagen im Gebiet des Beckens festländische bzw. Flachmeerverhältnisse mit entsprechender Sedimentation vor. Typisch für das gesamte Norddeutsche Becken sind die komplizierten tektonischen Strukturen im Deckgebirge, die sowohl durch die Schollenbewegungen im Grundgebirge als auch durch die Bewegung der Salzmassen verursacht wurden. In der Kreidezeit vor 100 Millionen Jahren bildeten sich in Verbindung mit der Heraushebung der Schollen im Südteil des Profils die Mitteldeutschen Hauptabbrüche endgültig als Begrenzung der Senke heraus. Im Känozoikum, genauer im Zeitraum vor 40 bis vor 10 Millionen Jahren, entstanden im Grenzbereich zwischen den höheren Gebieten im Süden und den tieferen im Norden — im Profil hauptsächlich im Bereich der Lausitz — infolge der komplizierten Bewegungen des Untergrundes relativ kleine Teilbecken. In Verbindung mit mehrfach wechselnden Überschwemmungen und den klimatischen Verhältnissen bildeten sich in diesen Teilbecken sumpfige Torfmoore, aus denen unsere Braunkohlenlagerstätten hervorgingen. Diese Vorgänge sind für die Braunkohlenerkundung, auch im Nordteil der DDR, weiter aufzuklären.

Die jüngsten Komplexe des Grundgebirges stammen aus dem Oberkarbon. In dieser Epoche erfolgte die varistische Gebirgsbildunng. Ihre Ergebnisse sind im Süden des Profils infolge der Heraushebung und Abtragung nur noch selten vorhanden. Hier treten Gesteinskomplexe aus wesentlich älteren Epochen in z. T. stark

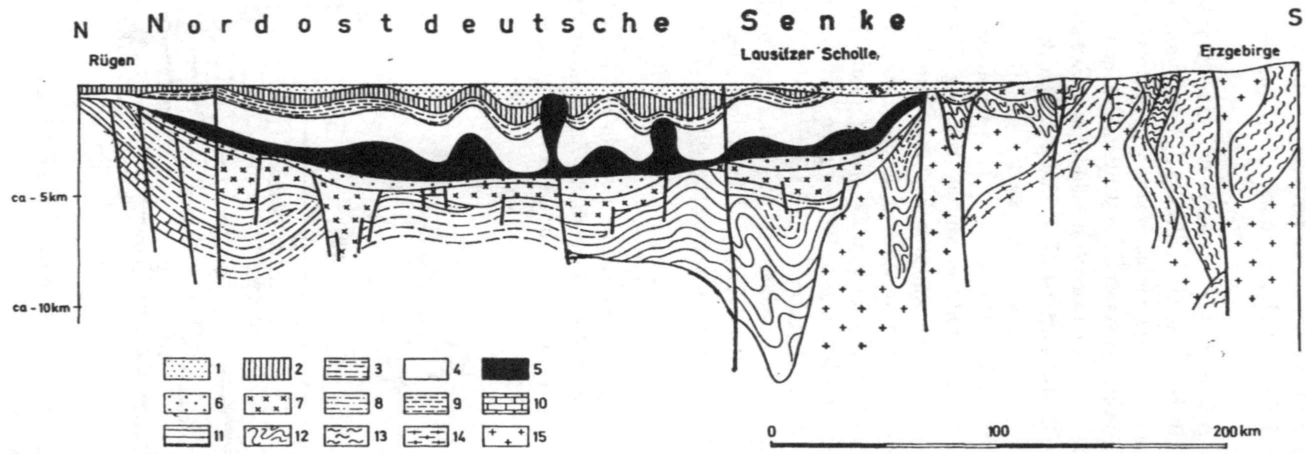

Abb. 12 Geologischer Schnitt durch die DDR

Legende: 1—10 Schichtenfolge des Deckgebirges der Nordostdeutschen Senke; 11 — Fundament der Nordostdeutschen Senke; 12—15 Grundgebirge des Variszischen Tektogens. 1 — Känozoikum; 2 — Kreide; 3 — Jura; 4 — Trias; 5 — Oberperm (Zechstein salinar); 6 — Unterperm (Saxon); 7 — Unterperm (Autun, Vulkanite); 8 — Oberkarbon; 9 — Unterkarbon; 10 — Devon; 11 — Altpaläozoikum, ungefaltet, 12 — Altpaläozoikum, gefaltet; 13 — Gneis; 14 — Granulit; 15 — Granite, z. T. metamorph veränderter Form an die Erdoberfläche. Weit verbreitet sind Granite, saure magmatische Gesteine aus dem Erdinnern. Im Norden sind die Gesteine des Oberkarbons nicht mehr von der varistischen Gebirgsbildung erfaßt worden.

13. Aussagen über noch größere Tiefen, als sie in der Abb. 12 ausgewiesen werden, können nur noch mit Hilfe tiefengeophysikalischer Methoden gewonnen werden. In der Abb. 13 wird ein tiefenseismisches Profil etwa längs der Linie Wismar—Frankfurt/Oder gezeigt. Es stammt aus Untersuchungen im Rahmen der Kommission der Akademien der sozialistischen Länder zur Zusammenarbeit auf geophysikalischem Gebiet. Offensichtlich ist die gesamte Erdkruste sowohl in vertikaler als auch in horizontaler Richtung stark gegliedert.

Die Untergrenze der Kruste, in der Abb. mit M I/M II bezeichnet, ist weit weniger scharf ausgeprägt als bisher angenommen wurde. Auffällig sind die verschiedenen Brüche, die z. T. erst im tieferen Schichten beginnen und bis in den oberen Mantel reichen. Laterale Unterschiede im Aufbau des Erdmantels können gegenwärtig bis in ca. 700 km Tiefe mit Hilfe seismologischer Beobachtungen nachgewiesen werden. Solche Unterschiede müssen als Anzeichen für Abweichungen vom Gleichgewichtszustand und damit als Hinweise auf rezent ablaufende Prozesse im Erdmantel angesehen werden. Die physikalische Modellierung dieser Prozesse ist ein Schlüsselproblem zum Verständnis der Antriebsmechanismen für die geologische, tektonische und magmatische Entwicklung, die an der Erdoberfläche direkt beobachtet werden kann.

14. Die Ergebnisse der Geophysik bilden die Grundlage für Aussagen sowohl über den strukturellen Bau als auch über die stoffliche Zusammensetzung des tieferen Untergrundes. In der Abb. 14 werden derartige Aussagen über die Erdkruste

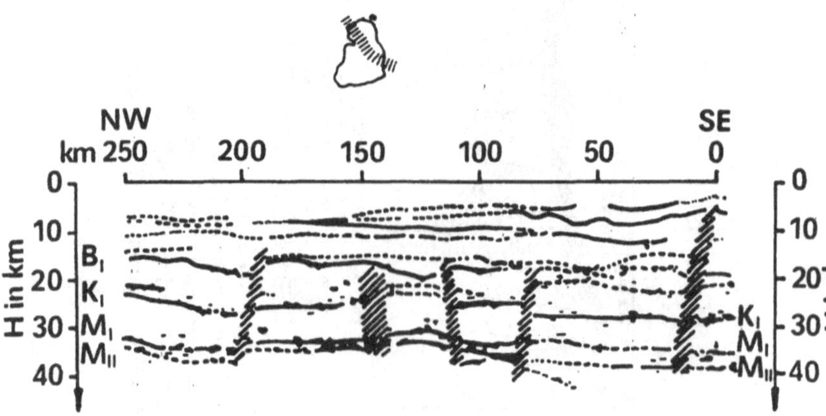

Abb. 13 Krustenbau entlang der KAPG-Geotraverse vom Ukrainischen Schild bis zur Norddeutsch-Polnischen Senke, Anteil DDR

im westlichen und im östlichen Erzgebirge vorgestellt. Gezeigt wird jeweils ein Schema über die Änderung der Geschwindigkeit seismischer Wellen mit der Tiefe und dessen stoffliche (petrologische) Deutung. Auffällig sind die beträcht-

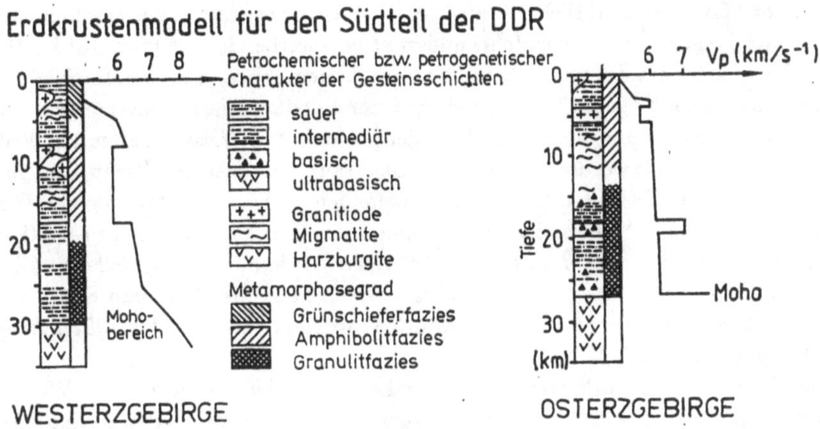

Abb. 14 Krustenbau für den S-Teil der DDR

lichen Unterschiede zwischen beiden Gebieten. Im Osterzgebirge ist z. B. die Moho als Grenze zwischen Kruste und Mantel der Erde in 27 km scharf ausgebildet. Im Westerzgebirge stellt sie sich dagegen als breite Übergangszone dar. Im Osterzgebirge besteht die Kruste unterhalb 20 km vermutlich aus sauren Gesteinen, die unter den vorliegenden hohen Temperaturen und Drücken stark umgebildet worden sind. Im Westerzgebirge wird die untere Kruste wahrscheinlich aus basischen magmatischen Gesteinen aufgebaut. Diese Zusammensetzung der Unterkruste stimmt gut mit den Anreicherungen von Wismut, Kobalt und Nickel bzw. von Lithium und Zinn in den oberflächennahen Schichten im westlichen bzw. östlichen Erzgebirge überein. Das Ergebnis unterstreicht die Bedeutung, die komplexe geophysikalisch-geochemische Untersuchungen der tieferen Schichten der Erdkruste für das Verständnis der Lagerstättenbildung in den oberflächennahen Schichten besitzen.

15. Die weitere geologische Erforschung des Territoriums der DDR ist eine grundlegende Voraussetzung für die Erfüllung der Aufgaben, die der geologischen Forschung und Erkundung gestellt worden sind. Die relevanten wissenschaftlichen Untersuchungen führen unausweichlich auf prinzipielle Fragen der Geologie und der anderen Teildisziplinen der Geowissenschaften. Die enge und vertrauensvolle Kooperation der Vertreter der Grundlagenforschung mit den Wissenschaftlern der geologischen Industrie und des Bergbaus und deren Arbeitskollektiven bildet gemeinsam mit der internationalen Forschungskooperation die Voraussetzung und den Weg zur Lösung dieser Grundfragen.

Entsprechend den Anforderungen der Gegenwart sind dabei die großen Traditionen fortzuführen, auf die gerade die geologischen Wissenschaften in der DDR verweisen können. Der komplizierte Bau der geologischen Einheiten, die beachtliche Zahl von verschiedenen Lagerstätten im Erzgebirge, Harz und Thüringer Wald, die Existenz natürlicher Aufschlüsse in den verschiedensten geologischen Horizonten regten bereits vor Jahrhunderten entsprechende wissenschaftliche Untersuchungen an. Im Zusammenhang mit den ökonomischen, gesellschaftlichen und weltanschaulichen Gegebenheiten erreichten verschiedene dieser Forschungen eine solche Reife, daß sie für die Entwicklung der geologischen Wissenschaften im Weltmaßstab bedeutend wurden. Unter den Geologen aus unserem Raum, die mit ihren Leistungen Weltruf erlangt haben, befanden sich auch Mitglieder der Berliner Akademie der Wissenschaften wie Abraham Gottlob Werner (Auswärtiges Mitglied von 1808 bis 1817), Leopold von Buch (Ordentliches Mitglied von 1808 bis 1853), Hans Stille (Ordentliches Mitglied von 1933 bis 1966) und Serge von Bubnoff (Korrespondierens bzw. Ordentliches Mitglied von 1941 bis 1957). Diese Tradition ist eine große Verpflichtung.

Die Vertreter der geologischen Wissenschaften in der Akademie der Wissenschaften der DDR sind sich ihrer großen Verantwortung für die Verwirklichung der ökonomischen Strategie des X. Parteitages der SED bewußt. Wir werden alles tun, ihr gerecht zu werden im Interesse der Wissenschaft und des gesellschaftlichen Fortschritts in unserer sozialistischen Heimat.

FSC
www.fsc.org
MIX
Papier | Fördert
gute Waldnutzung
FSC® C083411

Zeitfracht Medien GmbH
Ferdinand-Jühlke-Straße 7
99095 Erfurt, Deutschland
produktsicherheit@kolibri360.de